▶ 权威探秘百科

极端天气探秘

[美] 迈克尔·莫吉
[美] 芭芭拉·列文 编著
李妍 翻译

中央编译出版社

图书在版编目（CIP）数据

权威探秘百科. 极端天气探秘/（美）莫吉（Mogil, M.）（美）列文（Levine, B.）编著；李妍译.
—北京：中央编译出版社，2009.3
ISBN 978-7-80211-859-1

I. 极… II.①莫…②列…②李… III.气候变化—青少年读物
IV. P467-49

中国版本图书馆CIP数据核字（2009）第024876号

Copyright © Weldon Owen Inc.
www.weldonowen.com
All rights reserved. No part of this publication may be reproduced, stored
in A retrieval system or transmitted in any form or by any means, electronic,
mechanical, photocopying, recording, or otherwise, without the permission
of the copyright holder and publisher.

Color reproduction by Chroma Graphics (Overseas) Pte Ltd
Printed by LeeFung - Asco Printers
Printed in China

本书中文版版权由威尔登·欧文出版有限公司[美]授予中央编译出版社独家拥有
京权图字：01-2007-5741

权威探秘百科

极端天气探秘

编著	[美] 迈克尔·莫吉
	[美] 芭芭拉·列文
翻译	李 妍
责任编辑	吴颖丽
项目编辑	杨 娜 张 盈
项目策划	禹田文化
出版人	和 龑
出版	中央编译出版社
地址	北京西单西斜街36号
邮编	100032
编辑部	(010)66509360 66509365
发行电话	(本市)(010)66509364 66509618
	(外埠)(010)88356825 88356856
网址	http://www.cctpbook.com
印刷	利丰雅高印刷（深圳）有限公司
经销	各地新华书店
版次	2009年4月第1版 第1次印刷
开本	243×265 1/16
印张	4
字数	40千字
定价	29.80元

本社常年法律顾问：北京大成律师事务所首席顾问律师 鲁哈达
凡有印装质量问题，本社负责调换。电话：010-66509618

跨进知识的新大陆

我们有两个世界,成人的世界和孩子们的世界,这两个世界完全不一样。

一个是平面的、刻板的,几乎没有一点儿灵性。一个是多面的、神奇的,充满了五彩缤纷的幻想,简直就和童话一样,是一个奇异的魔方世界。

在成人眼睛里,科学是干巴巴的原理和枯燥的公式,在孩子们的眼睛里,科学是充满幻想的天地和有趣的故事。

为什么会这样?因为在刚刚进入世界不久的孩子们的眼睛里,什么都是新奇的。每一片树叶、每一颗星星后面,似乎都隐藏着一个秘密。每一颗沙粒、每一朵浪花里面,好像都隐藏着一个新大陆。他们本来就有成人所没有的特异功能,是天生的幻想家。

为什么会这样?因为孩子们都有一颗求知的心,对身边不熟悉的世界,天生就有寻根问底的精神。他们才是最勇于发现的探索者。他们渴求知道一切,渴求发现科学的新大陆,做一个征服知识海洋的哥伦布。

什么知识最吸引孩子们的心?应是遥远的和新奇的,越遥远越有神秘感,越新奇越有吸引力。

要寻找这个地方,可不是一件容易的事情。

来吧,到这套书里来吧!这里有遥远的未知世界,这里有新奇的科学天地。

来吧,到这套书里来吧!这里有丰富的知识、精美的图片。

走进来吧!这里就是认识科学的起点。学会了,看懂了,就向科学的道路迈进了一步。一步步往前走,谁说这不是未来的科学家、未来的大师的起点呢?

刘兴诗
地质学教授、儿童科普作家

目录

介 绍

什么是天气

天气发动机：太阳	8
气压的变化：风	10
空中之水：云	12

狂暴的天气

超级单体雷暴	14
旋转的风：龙卷风	16
空中的闪光：闪电	18
旋风、台风和飓风	20
海上风暴：水墙	22
席卷而去：洪水	24
应对极热天气	26
太空天气：极光	28

观测天气

风暴眼的内部	30
气候变迁	32

聚 焦

狂风

戈壁沙漠：尘暴	36
田纳西州：双重灾难	38
缅甸：纳吉斯气旋	40
新奥尔良：卡特里娜飓风	42

降水

秘鲁：泥石流	44
慕尼黑：冰雹暴	46
魁北克：冰暴	48
南极洲：暴风雪巷	50
奥地利：雪崩	52

感受酷热

埃塞俄比亚：致命的干旱	54
堪培拉：大火灾	56
新加坡：雷击	58

极端天气事件	60
词汇表	62
索引	64

天气发动机：太阳

天气和气候存在于世界上的各个地方。天气指一个地区上空大气的状态，包括风、云、风暴、温度、湿度以及雨或雪的降水情况等。气候是某一地区一年中一段时期内的平均天气状况。天气和气候都以太阳为能量来源。太阳以太阳辐射的形式释放能量，其中大部分为可见光。但是这些能量中只有一半左右能被地球表面吸收并转化为热能。另外一半则被反射回太空或者被大气层吸收。在地球的赤道附近，太阳光直射地球表面，大部分热量都能被吸收。然而在南北两极，太阳光线则倾斜得多，只有很少的热量被吸收。

太阳的热量

太阳光温暖了地球表面，而陆地的温度变化比海水的温度变化明显得多。皑皑的白雪可以反射90%的太阳能量，而深绿色的雨林则吸收大量的太阳能量。

海洋风暴

在热带地区上空，冷、暖锋交汇形成巨大的风暴系统。它们的风力通常比飓风大得多，但是很少到达飓风级风力。

全球模式

地球上每时每刻都发生着众多天气活动。高空及地表风影响风暴线分布和低压系统。洋流推动冰冷和温暖的海水在全球流动，帮助调节极地和赤道间的温度。此外，人为的污染、森林大火产生的烟雾、火山爆发释放的火山灰和尘土颗粒都影响着地球的天气状况。

飓风

指在赤道附近温暖海域上方形成的剧烈旋转风暴。这种风暴在大西洋被称为"飓风"，在亚洲称为"台风"，在澳大利亚和印度称为"旋风"。

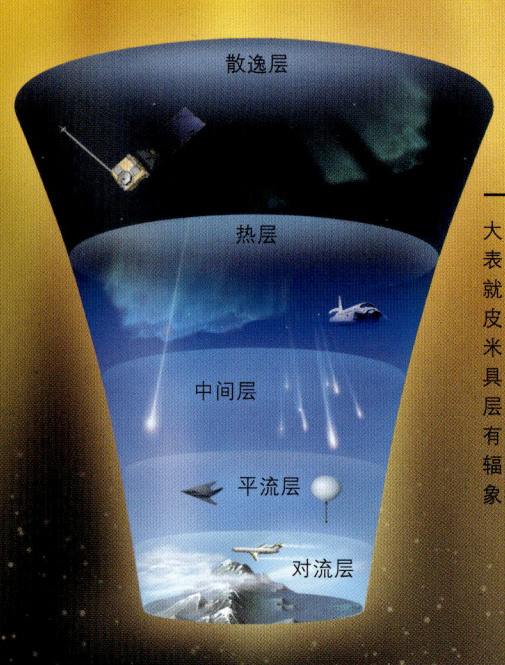

一层叠一层

大气层是覆盖在地球表面的一薄层气体，就像包着苹果的苹果皮一样，延伸至700千米的高空。平流层中具有保护作用的臭氧层能够保护地球免受有害的紫外线（UV）辐射。大部分天气现象都发生在对流层。

天气发动机：太阳 9

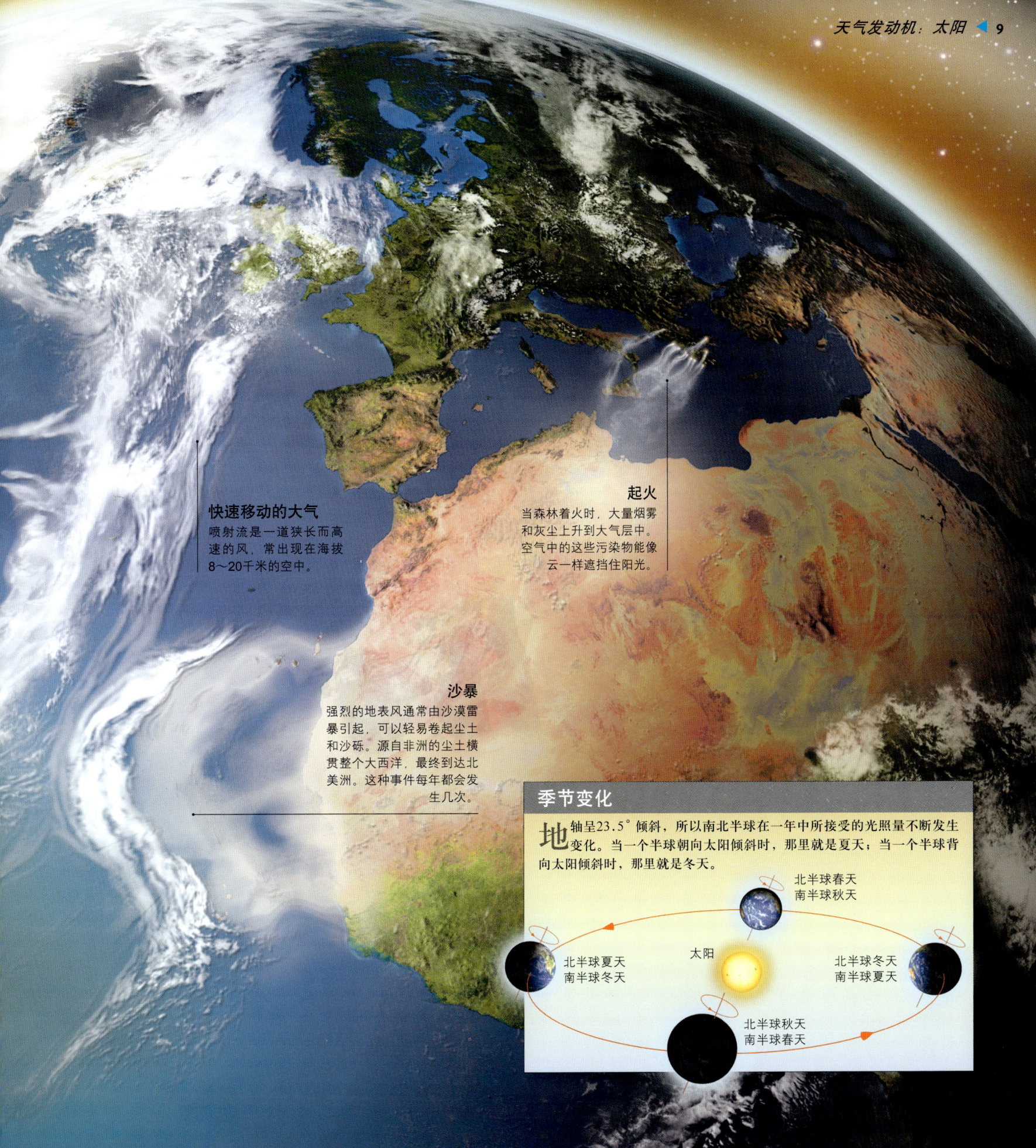

快速移动的大气
喷射流是一道狭长而高速的风，常出现在海拔8~20千米的空中。

起火
当森林着火时，大量烟雾和灰尘上升到大气层中。空气中的这些污染物能像云一样遮挡住阳光。

沙暴
强烈的地表风通常由沙漠雷暴引起，可以轻易卷起尘土和沙砾。源自非洲的尘土横贯整个大西洋，最终到达北美洲。这种事件每年都会发生几次。

季节变化

地轴呈23.5°倾斜，所以南北半球在一年中所接受的光照量不断发生变化。当一个半球朝向太阳倾斜时，那里就是夏天；当一个半球背向太阳倾斜时，那里就是冬天。

北半球春天
南半球秋天

北半球夏天
南半球冬天

太阳

北半球冬天
南半球夏天

北半球秋天
南半球春天

气压的变化：
风

风就是运动中的空气。在大气层的各个分层以及地球上的各个地区，都有风在吹。气压和温度的变化能够引起并维持风的运动。当暖空气上升时，地面的空气分子数量减少，从而形成一个低压区。当空气遇冷并下降时，地面的空气分子数量增加，从而形成一个高压区。空气从高压区吹向低压区，于是形成了风。两个地区间的气压差越大，形成的风越强。微小的气压变化形成轻柔的微风，巨大的气压差则产生飓风般的风。

弯曲的树干
这些树的树叶能像风车的叶片一样拦住风。树木越高的地方拦住的风越多，这使得树干顺着风向发生弯曲。

向四周吹拂
风可以使水体形成波浪，并把水推至低洼地带。沿海地区容易有强风，这是因为水上较冷的空气会吹向陆地，以取代上升的暖空气。风速时快时慢，引起阵风。树木随风摇摆，有时还会被折断。

猛烈的海浪
当海浪接近海岸线时，海浪的底部由于摩擦力的作用逐渐减速，而顶部继续向前推进并达到最高点。强劲的风把水推向内陆。

地转偏向力
当地球自转时,全球风系都会在高压区和低压区之间偏移。在北半球,风向右偏转;在南半球则向左偏转。

哈得来环流
费雷尔环流
极地环流
赤道

风的模式
全球主要的风在极地和赤道附近由东吹来,在中纬度地区则由西吹来。上升和下降的空气形成的环流包围着整个地球。

局地风
周围环境的小幅温度变化能引起地区性的风向分布。风总是从温度低的地方吹向温度高的地方。局地风经常出现在海岸附近、山区或者城郊之间。

海洋上空的冷空气
陆地上空的暖空气

陆地和海洋上空的微风
日间,海上凉爽的空气吹向陆地取代上升的暖空气。夜间,这个过程则反过来进行。

山谷间的风
当山坡被太阳晒热,暖空气便会上升。这些空气最终变冷并且下降。在夜间,上方的暖空气气温下降,沿着山坡下行,形成凉爽的风。

飞舞的碎片
被风吹得高速飞舞的建筑物残骸和树枝会变成危险的"飞弹",有时甚至能致命。

空中之水：
云

　　云是凝结成团的水蒸气，汇集了周围空气中的微小颗粒（例如灰尘）。大多数的云是由于暖空气上升，然后扩散并冷却形成的。此外，云也可以由其他方式产生：气象锋面；当空气被迫沿迎风坡爬升；以及当太阳光照射地面，使空气上升时。快速的上升流形成蓬松的积云，温和的上升流则形成分层的层云——雾就是接近地面的层云。云之所以看起来呈白色，是因为小水滴反射并散射太阳光。密集的云层看起来颜色较深，则是因为光线很难穿透它们。

冰冻的水

一缕缕的卷云包含着冰晶。在冰冷的冷空气中，水蒸气直接转化为冰或雪。雪花的形状取决于云层中的空气、水蒸气以及冰晶的温度。

强烈的风暴

　　狂风和大团的黑色乌云预示着风暴来袭。强烈雷暴群形成的飑线沿着低压带形成，与新的雷暴交汇并增强——新雷暴形成于雨幕来临之前。这种飑线可以持续六个小时甚至更久。

排列成行

高积云是一层蓬松的云，经常排列成几行或者带状。高积云形成于缓慢上升的空气中，或者在雷暴消散后存留于空中。

阵雨

云的下方并不是每一处都下雨，上升的空气可以使雨滴悬浮在空中。降水通常伴随着下沉的空气产生，形成灰色的雨幕。

空中之水：云　◀ 13

水循环

水不断地蒸发形成云，以降水的形式落下，然后再汇集到江河湖海中。这个循环构成了地球上的天气现象，并且提供了持续不断的淡水供给。

云形成　云在陆地上空堆积　雨水汇集到河湖中　水流入海洋　水蒸发

雨

云中的空气运动碰撞到微小的水滴，使它们融合到一起。几百万个小水滴才能形成一颗雨滴。当雨滴汇集得足够大时，便降落到大地上。

滩云

滩云是雷暴锋面的标志，通常底部平坦，顶部蓬松。吹出来的冷风迫使云外的空气上升，形成新的雷暴。

白色的浪花

吹拂水面的风在水上形成涟漪和波浪。时速超过65千米的风还可以使水面泛起浪花。

超级单体雷暴

地球上每天大约形成40 000个雷暴,其中每一时刻都有大约2 000个雷暴同时发生。雷暴是由不稳定的暖湿气流上升至高空时形成的。当寒冷的下沉气流强过温暖的上升气流时会带走云层中的能量,因此雷暴持续几个时候便开始逐渐消亡。典型的雷暴能持续1~2小时,并且经常伴随着雷电产生。超级单体雷暴是地球上最剧烈的天气现象之一。它的持续时间长,并有可能形成倾盆大雨,破坏性的冰雹和龙卷风。强烈的下沉气流彼称为下击暴流,可以席卷着强风冲击地表,有时产生超过飓风的风力甚至能把飞机击落。

狂暴的云

大多数雷暴的生命周期分为三个阶段,整个过程可能仅仅几分钟,也可能持续数小时。它们在阳光照耀大地、或者上升空气与山峰和气象雷云相互作用的日间形成。高耸的上升空气的积雨云或雷暴云的底部有时距离地面只有一千多米高。

高耸的云端
风暴的顶部有可能到达对流层。强劲的上升气流把风暴上界推至18 000米的高空。比珠穆朗玛峰的两倍还高。

逐渐消失
当凉爽的下沉气流截断上升空气对风暴的供给，积雨云便开始消散。之后只留下几缕小块的卷云。

地面破坏
龙卷风是剧烈的旋风，可以从超级单体雷暴中降至地面。当龙卷风接触到地面时，它们的破坏性就显现出来了。有时候一栋房屋被破坏，而它周围的房屋却安然无恙。

开始形成
温暖的上升气流把水蒸气带到低温的空中。水蒸气凝结液化，形成蓬松的积云。

介绍·狂暴的天气

旋转的风：
龙卷风

龙卷风是猛烈旋转的风，时速超过300千米。位于强烈雷暴内部的旋转的风把水蒸气汇集成一个紧密的漩涡，但是这种从风暴云墙中产生的特殊形状的"漏斗"持续的时间一般不超过10分钟，而由超级单体雷暴产生的龙卷风能持续破坏一个多小时。持续时间长的龙卷风通常非常宽，直径可达1.6千米，杀伤力极大。重大的灾难发生于风速变化显著的地方，以及大漏斗内的小龙卷风经过的路途中。美国中部被称为"龙卷风走廊"，那里每年都发生几百次龙卷风，堪称世界上在有限面积内爆发龙卷风最多的地区。

破坏力

龙卷风不会使房屋爆炸，但是会将屋顶掀起。树权和交通工具等在空中飞舞。它们刺穿建筑物，打碎窗户并对建筑物造成毁灭性的破坏。

举重

龙卷风的风力是地球上最强的，不仅能把又重又大的物体卷起到数千米以外，而且风力大到足以举起汽车、火车和整栋房屋。

剖析龙卷风

龙卷风由大型雷暴内部的旋转，以及螺旋运动的地表风共同产生。碎片云显示龙卷风已经接近地面。

空心管道
漏斗云内部的低气压制造出一个被强劲的旋转风包围着的平静核心。从外部看,龙卷风的形状很像蛇形绳索、圆锥或者大象鼻子。

空中的闪光：
闪电

闪电是巨大的大气电火花的可见部分，由反向电荷在高耸的雷雨云内部不断堆积而产生。闪电的温度可以达到30 000℃，比太阳表层的温度还高5倍。剧烈的高温使空气以超音速膨胀，从而产生雷鸣。科学家估算全世界每天大约发生300万次闪电，每年共有数千人遭受闪电袭击，幸运的是其中大部分人都能生还。常言道："闪电不会两次击中同一个地方"，但是，纽约的帝国大厦每年都会被闪电击中大约100次。

危险的放电

闪电通常更容易袭击最高点，例如一棵孤立的树、高耸的建筑物甚至是一个身处室外开阔地的人。当滚滚的雷暴云接近时，人们需要躲进建筑物或者密闭的车辆中。闪电能够引起森林大火、破坏电器，严重的还可以使人的心脏停止跳动。

闪电是如何形成的

大多数闪电都发生在包含强烈气流的积雨云中。负电荷在云的底层聚积，正电荷被上升气流抬升，于是风暴下方的地面开始充正电荷。

云对地
如果地面充正电，闪电就从云中直接下击至地面。

云对云
闪电可以在一朵云的内部跳转，也可以在临近相反电荷的云朵间跳转。

云对空
电流还可以从充满正电荷的云朵传到周围充负电的空气中。

音响系统

当闪电发生时，人们几乎可以立即看到，但是雷声传播的速度要慢得多。计算一下闪电和雷声的间歇时间，就可以知道风暴距离你有多远，三秒钟的间隔相当于一千米远。

躲避和保护

如果无法迅速进入室内，你也要使自己尽量避免成为闪电的目标。一些方法可以帮助你有效地躲避危险，比如扔掉身上所有的金属物品，在远离树木的空地蹲伏，保持双脚着地并使身体蜷缩等。

空中的闪光：闪电　19

分流扩张
闪电沿不确定的路线向相异电荷移动。闪光看上去很像宽大的电弧、弯曲的叉子、或者从地面和树顶延伸出来的小束激光流。

来来往往
几乎在闪电离开云层的同时，地面便会向上形成一条回路，电流同时在充电区域间迅速移动数次。闪电甚至能够击中距离雷暴8千米远的地方。

火光之中
闪电电击带来的灼热高温使树木内部的液体沸腾，进而使树爆炸。燃烧的余烬还可能导致房屋、干草或其他树木起火。

接地
闪电可以沿地表前行，或者击穿地表深入土壤。电流帮助重建电荷平衡。

旋风、台风和飓风

飓风是强烈的螺旋运动的风暴，直径可达800千米。它们能够带来倾盆大雨以及由风暴潮引起的内陆洪水。飓风通常被形容为"地球上最强的风暴"，风速最高达到每小时300千米。这些风暴能够持续数日、甚至数周之久，长久以来造成过无数次的沉船和对沿岸地区的破坏事件。飓风通常形成于夏季的热带海域上空，它们在亚洲地区被称为"台风"，在澳大利亚和印度洋附近称为"旋风"。

增强的风暴

大多数影响欧洲和美国的飓风都发源于非洲附近海面上的一簇风暴。风暴离开赤道时，风速逐渐变快、开始旋转，并在穿越海洋的过程中反复多次增强或减弱。当飓风最终抵达陆地后，速度便会减缓。

第二阶段

在旋转和风速不断加强的过程中，云逐渐形成螺旋臂。当风的时速保持在63～118千米时，风暴系统就演变为了热带风暴。

第一阶段

飓风刚开始时是赤道附近的一簇风暴。高空风把风暴云聚集在一起，促使它们旋转。风暴系统以湿热的上升空气为动力。

旋风、台风和飓风 | 21

毁灭之路
强有力的飓风级风力以及伴随而来的风暴潮能够夷平建筑物，抛起车辆和船只，更强的还可以举起整栋房屋。每年都有许多人由于无法抵达安全的庇护所而死于飓风袭击。

上升气流
温暖的上升空气注入高耸的风暴云中，密集的降雨带聚集在风暴的螺旋臂下方。

风眼墙

风眼

第三阶段
当风速超过每小时118千米时，风暴系统就发展为飓风。飓风中最平静的区域是它的中心，称为"风眼"。最强的风位于"风眼墙"，也就是环绕在风眼周围的区域。

沿海洪水
持续的强风能够制造风暴潮，把海水推到陆地上数千米远的地方。海浪的冲击造成破坏性的海滩侵蚀。飓风在到达冷水或陆地上空时便会减弱并逐渐消失。

海上风暴：水墙

很多低压天气系统中都包含了干冷的大陆气团和暖湿的海洋气团之间的互相作用。当这些气团相遇时，带有冷锋和暖锋的风暴系统开始形成。在中高纬度地区，这些低压风暴迅速加强：它们通常是热带风暴的数倍，风力也可达到一级飓风强度。当风向分布和水面温度达到合适的条件时，狂风就能制造毁灭性的海浪。

从太空观察
这张卫星照片显示的是一个巨大的中纬度风暴。它带有典型的北半球逆时针螺旋风，正肆虐在不列颠群岛上空。由于地转偏向力的作用，风暴在南半球时呈顺时针旋转。

船只
船只在狂风巨浪中航行几乎是不可能的。为了生存，船长试图将船体顺应海浪的走势。如果船体侧面迎向海浪，则极有可能翻船。

海上风暴：水墙 23

混合效应
风生海浪因互相作用而增强，制造出更高更强的海浪。其中也有一些会干扰其他海浪，降低总高度。只有当风强到将浪顶推倒时，海浪才能在开阔的海域形成峰。

危险的海洋
当一道巨浪扑来时，拖网渔船上的船员正在试图维持船只的航行。热带风暴与低气压系统相遇，形成飓风级风力般的猛烈海洋风暴。这种风暴的风力可以掀起30米高的海浪。与此相比，最大的海啸——由地震，海底山崩或火山爆发引起的海浪——则更高达524米。

洋流
洋流主要是由全球性风向分布引起的，能将温暖的海水（红箭头）和冰冷的海水（蓝箭头）输送到很远的地方并对天气有着显著的影响。例如，墨西哥湾流把温暖的海水从加勒比海输送到北大西洋，使欧洲西北部的气候比没有洋流影响的情况更温和。

席卷而去：
洪水

自然灾害所造成的死亡中有40%都要归咎于洪水。水坝、防洪堤和冰塞破裂，大雨，沿岸风暴潮等都可能引发洪水。分布广泛的暴雨使河流决堤，大规模的河水泛滥能够持续一个多月，摧毁房屋和农田。铺筑的道路和其他坚硬表面会降低雨水的吸收量，增加地面径流。水坝和防洪堤这样的水流屏障虽然能给人以暂时的安全感，但是一旦倒塌便可能产生灾难性的后果。

肆虐的水

急速而大量的降水导致山洪爆发。山区的暴雨甚至可以在几千米外的晴空下制造山洪爆发的条件。流经陡峭峡谷壁的水流强劲得能够推动车辆、房屋和巨石，将沿途的一切冲刷殆尽。想逃过这样的洪水几乎是不可能的。幸运的是，这两名徒步者避开了洪水，攀爬到了安全的地方。

增加的风险

日晒的河床以及干燥的表面能起到和柏油路类似的作用。水从上面流过，而不是被吸收。

席卷而去：洪水

高高卷起
在山区，狭窄的山谷迅速汇聚着雨水。山谷像漏斗一样，在水流冲下坡时使其集中并加速。

水的力量
山洪的速度可以达到每小时16千米。以这个速度行进的水流的力量相当于一级飓风的风力。

防洪工作

搭建能够阻拦洪水的坚固障碍物可以保护有洪灾风险的地区。但是一个地区的保护性设施可能会使附近没有安全措施的地方水位升高。

防洪堤
加固的土墙可以抑制经常改道或定期泛滥的河流。

挡潮堤
在低洼海岸地区，挡潮堤能够阻拦反常巨浪，控制潮水。

水坝
水坝是一堵混凝土墙壁，阻止或调节易于泛滥的河水。

应对 极热天气

比起其他形式的极端天气，更多的人死于酷暑期。这种高于平均气温的时期能持续几天，甚至数周之久。如果遇上日间热度剧增，夜间气温居高不下时，酷暑期将变得更加致命。在2003年的欧洲，一次持续10天之久的酷暑期导致了大约35 000人死亡。西班牙塞维利亚的最高气温记录更高达47.2℃。酷暑期是沉默的杀手，没有明显的破坏和损毁，但是对老人、儿童或病人却有着严重的影响。当降水量低于平均水平时，干旱通常还与酷暑期同时发生。

绿洲
荒漠下的岩石层能够存水。植物把根系伸到地下的蓄水池中吸水来维持生命。人们则利用管道把水输送到地面。

缺雨
荒漠是几乎没有降水的干燥地区。它覆盖了地球陆地面积的七分之一。撒哈拉沙漠的游牧人常用骆驼运输物品，因为骆驼在缺水的情况下也能生存。荒漠并不总是炎热的，南极洲就是世界上最干燥的大陆。在这片辽阔冰冻的荒漠上，每年只有不到25厘米的降水。

飞沙走石
时速超过16千米的风使沙粒弹起，并将它们卷起。空中的沙以风速的一半行进，强风和上升气流可以把尘土运到很远的地方。

动物的适应性改变

为了在荒漠中生存，动物们必须经受极端的温度，同时还要寻找、储存和循环水。有些动物排出近乎干燥的粪便，保证最少的水分流失。很多物种只在夜间捕食，以避免高温。

热量转移
长耳大野兔的大耳朵上布满了血管，能够有效释放身体多余的热量。

湿口袋
穴居蛙用一个潮湿的废皮口袋把自己盖起来，防止身体干燥。它们能以这种类似冬眠的状态在地下待上几年，或者直到再次降雨时才出来。

应对极热天气　27

沙漠之舟
骆驼有储水的能力,可以几天不喝水。高高的驼峰为它们储存食物,厚厚的皮毛使它们保持凉爽。它们的身体还能发热,但却不会出汗。

幻觉
海市蜃楼看似一个小水塘,实则只是一团微微发亮的空气团。当远处的光线穿过接近地表的一层热空气,而这层热空气又恰巧位于冷空气之下时,光线会发生弯折,或者叫折射。这种情况下便会出现海市蜃楼。

适当的着装
宽松的衣服使空气流通,并保存水分以防脱水。头巾能保护脸和脖子免受热浪的烤灼和风沙的侵害。

太空天气：极光

太阳是太阳系中所有天气现象产生的根源。从太阳那稀薄的大气层上吹出的气体，形成了由磁性带电粒子组成的持续不断的风。这种太阳风穿过太空，在2～6天后到达地球。环绕地球的磁场保护着地球免受太阳风的有害侵扰（例如通信中断）并将带电粒子导向南北极。一旦太阳风到达地球大气层，这些粒子便能引起磁暴，同时产生极光——夜空中美丽的光线表演。1989年，一次持续9小时的太阳风暴制造出非常强烈的磁流，致使魁北克的电网瘫痪。那次停电影响了加拿大和美国的600万电网用户。

发光的阵雨

太阳风中的粒子撞击地球大气层时发生振动。当恢复到初始状态后，它们会发出不同颜色的光。例如氧粒子可以释放红色、绿色和黄色的光。极光最常见于极地地区，发生在距离地面80～600千米的高空。

天空之光
太空天气现象包括名为"北极光"的彩色光线演出，以及在南半球相应出现的"南极光"。从地球上看去，极光好像天空中闪亮的飘带和帘幕。

行星风暴

太阳能量制造了太阳系中所有行星上的天气现象。寒冷的火星上有着巨大的日温差、二氧化碳构成的冰帽以及尘卷风。金星上空充满二氧化碳的大气层中，经常有闪电在云中闪现。

木星大红斑
这个强烈风暴的体积是地球的两倍大，已经像巨型飓风一样在木星上肆虐了300多年。

气体的光芒

当能量从太阳表面喷发出来时便出现太阳耀斑，它可以把太阳稀薄的大气层吹出空洞。

风暴眼的内部

气象学家（研究天气现象的科学家）开发出许多复杂的技术和机器来监测和记录天气状况，并协助他们做出越来越精确的天气预报。观测仪器被安装在世界各地的气象站内：极地、荒漠、海洋以及太空卫星上。大部分数据都以电子形式传输并被计算机记录。人们检查这些信息的精确度并将它们处理成气象图表和文字报告。为了收集飓风和强风暴的信息，科学家们还使用多普勒雷达和风暴观察仪器，或者放飞有人或无人驾驶的飞机直接进入风暴中去。

飓风猎人
这种特殊的飞行器穿过海拔12 000米高的风暴，飞到其上方的云层中。飞行器上携带的仪器（例如雷达）用于测量风暴内部的情况。轨道卫星、浮标、船只以及海岸观测站等也可以提供补充的数据。

深入洞中
飓风有着近乎明朗而清晰可辨的风眼。尽管风眼不是完全静止的，然而相对于环绕在周围的风力最猛烈的风眼墙来说，它却是非常平静的。

风眼墙

下降的探测器
科学家把一个装满仪器的密封筒释放到风眼中。这种密封筒称为下投式探空仪，能在下降过程中每半秒钟测量一次风、气温、气压和湿度的情况。它用降落伞减速，大约15分钟后到达飓风下方的海面。

旋转的云

相对于臂间较平静的区域，螺旋臂带有更强的风和更猛烈的雨。向内旋转的低空风会使风暴的这种盘卷结构增强。

颠簸的旅途

"飓风猎人"飞行器被设计得能够抵御风暴内部的湍流。为了行驶安全，气象学家们都系好安全带，并把所有的仪器都结实地固定起来。

天气探测装置

大约300~400年前，早期的发明家，例如伽利略、托里切利、华伦海特和摄尔修斯等发明了一些最早的记录天气数据的仪器。这些仪器和雷达、卫星以及计算机一起，至今仍被使用着。

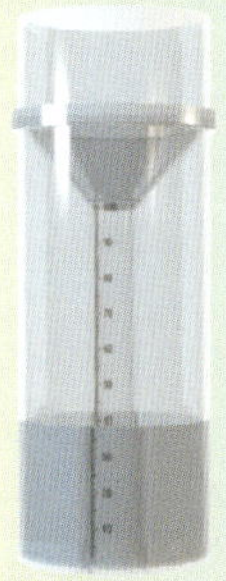

雨量测量器
24小时内的总降雨量在这个管子里被测定。

温度计
温度计用于测量气温。

气压计
气压计追踪大气压力的变化。

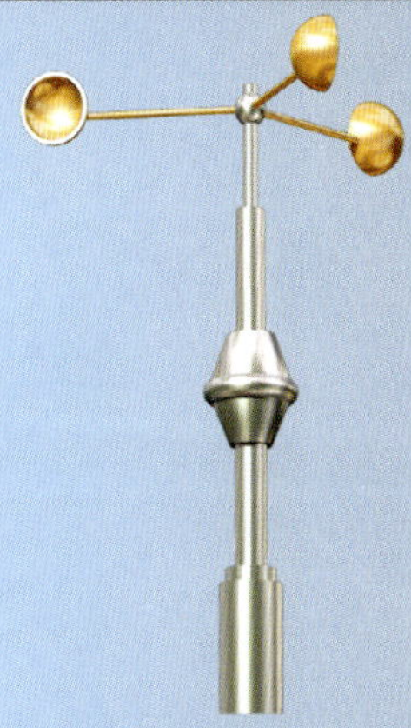

风速计
风速由风速计的杯罩转速测定。

气象气球
系在气球上的仪器用于观测地球的大气状况。

海洋浮标
浮动设备平台用于收集大气和海水的数据信息。

气候变迁

地球形成于46亿年前，它的温度在漫长的历史过程中一直在不断上升或下降。有时比现在温暖，有的时候又冷得多。近年来天气状况发生了显著的改变，这主要是由于二氧化碳排放和人类活动造成的。在过去的100年间，地球的平均温度升高了大约0.6℃，大气中的二氧化碳含量增加了33%，而冰层覆盖量却明显减少了。二氧化碳在地球大气中捕获热量，就像温室的玻璃使温室内的空气保持温暖一样。一些科学家指出：气温升高即我们所说的"全球变暖"，将使地球上的天气更加极端化。

墙上的裂缝
当冰盖顶部发生融化，水汇聚并且渗出，形成一道裂缝。这使冰的结构变得脆弱，崩解的概率也大大增加。

史上温度变化
从19世纪人们开始在工厂燃烧煤炭制造动力以来，二氧化碳的排放便开始增长，地球上的平均气温随之不断增加（以红线标识）。

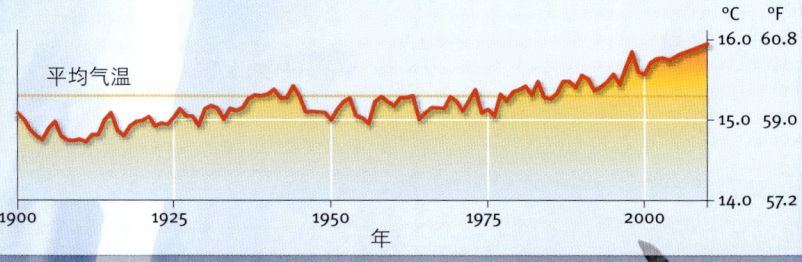

落冰
南极洲冰盖是世界上最大的冰川，包含了地球上总冰量的90%。当一大块冰脱落或崩解后，会被洋流带至温暖的地区并在那里融化。融水导致海平面上升，从而影响洋流甚至引发洪水泛滥。

冰山一角
从冰盖上崩解的大块淡水冰就是我们所说的冰山。冰山浮在水面上的部分只有总体积的10%。

气候变迁 ◀ 33

分崩离析

融化并崩解的冰减少了冰盖的体积。每年,降雪都会使冰盖的体积增加一些。但总体来说,冰盖还是在逐渐缩小,因为新的降雪远比不上冰块减少的速度。

后退的冰川

随着温度的升高和降雪量的改变,全世界的冰川都在快速减少。这些照片分别拍摄于2002年和2003年,显示了瑞士的特里夫特冰川在仅仅一年时间内后退的距离。

2002年　　　2003年

新奥尔良，卡特里娜飓风：资料

风暴位置：	新奥尔良，路易斯安那州，美国
风暴时间：	2005年8月23～30日
风暴强度：	在墨西哥湾上空达到5级，着陆后3级
死亡人数：	1 833

资料快览
触手可及的资料快览给你提供关于所述事件的基本信息。

定位地图
这张地图告诉你所述事件发生的地点。寻找每张地图中有红色标识的地区。

风

侧边栏
这条侧边栏提示正在讲述的极端天气事件所归属的类型。

水

热

聚 焦

戈壁沙漠：
尘暴

强烈的风和持续的干燥天气共同作用能够制造大规模的尘暴和沙暴。几乎所有的荒漠以及植被稀疏的地区都很容易遭到破坏。尘粒约为沙粒大小的十分之一，所以尘土在空中停留的时间比沙子更长，传播得也更远。尘土可以穿越数千千米，升到3 000多米高的大气中。有些更加来势汹涌，在太空中都可以看得到。空中的尘土和化学物质能够引起健康问题，破坏脆弱的珊瑚礁。严重降低的能见度和阻塞的发动机还会对铁路和航空运输造成不良影响。

戈壁沙漠，尘暴：资料	
风暴位置：	戈壁沙漠，中国
风暴时间：	2006年4月9～11日
风暴强度：	无公认等级
死亡人数：	9

灰尘漫天
甘肃省境内的戈壁沙漠曾爆发过一次较大面积的尘暴天气，给附近的村庄造成了影响。中国西北地区的气候干旱，降水稀少，土地管理工作有待完善，沙质的表层土和侵蚀性沙漠使部分地区面临沙漠化的危险。当地政府正在采取措施，防止这种灾难天气进一步扩大。

逼近的云
尘暴最快能以每小时80千米的速度前进。在风暴的起源点附近，它们也许会毫无征兆地到来。穿过尘雾的降水偶尔还会席卷着泥浆从天而降。

堆起来
这些风暴可以堆积起数千吨的沙尘。强风造成的沙流掩埋了房屋、农具、庄稼和道路。

戈壁沙漠：尘暴

灰尘毯子
1983年，由强烈冷锋带来的高耸灰尘墙笼罩了澳大利亚的墨尔本。风暴过后，这个城市扫除了大约1 000吨尘土。

交通危害
2001年，一次可怕的雾霾天气袭击了北京。空中的尘土与污染物混合在一起，给交通带来了很大不便。根据尘土类型和浓度的不同，天空有时会呈现出黄色、红色、棕色甚至黑色等不同颜色。

停止侵蚀
农民们在地上放置成捆的稻草，用以阻挡风沙袭击。当地政府已经制定了种植树木和灌木作为防风林的计划。

田纳西州：双重灾难

田纳西州，双重灾难　资料
风暴位置：杰克逊市，田纳西州
风暴时间：2008年2月5日
风暴强度：EF3和EF4级龙卷风
死亡人数：0

从2008年2月5日晚上12点到第二天晚上12点的24小时内，共有大约133起龙卷风席卷了美国的八个州，风力主要集中在田纳西、肯塔基、阿肯色、阿拉巴马和密西西比等地区。这是历史上第二强烈的24小时龙卷风。反常的温暖气温助长了超级单体风暴，而大多数龙卷风都是由超级单体风暴引起的。这次毁灭性的事件发生在定期到来的龙卷风季之前的几个月，而且像往常一样，许多致命的风暴都是在夜间形成的。这八个州的小孩中共有84人死亡，其中一股龙卷风更把一个11个月大的小男孩卷走了90米远。不可思议的是，这个男孩竟然活了下来，而且只受了一点轻伤。

吹成碎片

袭击田纳西州联合大学的两股风旋风破坏了80%的宿舍。其中较强一股龙卷风的风速超过了每小时265千米，达到了改良藤田级数EF4级。肆虐学校的第二股旋风是EF3级龙卷风。一些学生被瓦砾困住，所幸校园内无人死亡。

成双成对

龙卷风并不总是单独出现。有时，一个或多个旋风在主龙卷风的周围旋转。从同一云层中产生的多胞龙卷风能够造成无法预测的破坏。有可能一栋建筑物完好无损，而它周围的一切都被夷为平地。

风暴轨迹

每条彩色标记显示了一股龙卷风触及地面的位置。一些龙卷风波及地面的范围约为16~32千米，有些甚至更广。

缅甸：纳吉斯气旋

纳吉斯气旋是亚洲最致命的风暴，它的风速可以达到每小时195千米。这个3级气旋在缅甸南部低洼的伊洛瓦底江三角洲登陆。强烈的风暴、易发洪水的居住地、缺乏适当的预警系统等共造成了大约85 000人以及数十万的家畜死亡。纳吉斯气旋是这一地区夏季季风期最早的风暴。尽管"季风"这个词通常意味着倾盆大雨，但它的实际意思是风的季节性改变。印度和东南亚的很多地区都会经历冬季季风和夏季季风期。

缅甸，纳吉斯气旋：资料

风暴位置	伊洛瓦底江三角洲，缅甸
风暴时间	2008年5月2～3日
风暴强度	3级
死亡人数	约85 000人

推进的洪水

无情的风把3.5米高的风暴潮推向内陆40千米远的地方。唯一的逃生办法就是攀登到高处安全的地方。许多人需要一连几日待在树上，直到肆虐的洪水退落。

风暴潮

在风暴潮的前方有一小块浅水区。由风形成的海浪距离海平面约1米高，它们产生向岸上的推力，阻止水流回大海。

淹没的农田
富含盐分的风暴潮破坏了三角洲多产的农业区。阻挡洪水的天然屏障——红树林已经被砍伐殆尽,以便空出地方开垦农田。

撕开扯裂
尽管有些房屋被升高以防范偶尔到来的满潮,巨浪和狂风还是可以击倒墙壁,把房屋结构完全瓦解。

聚焦·狂风

新奥尔良：
卡特里娜飓风

新奥尔良，卡特里娜飓风：资料
风暴位置：新奥尔良，路易斯安那州，美国
风暴时间：2005年8月23～30日
风暴强度：在墨西哥湾上空达到5级，登陆后3级
死亡人数：1 833

　　卡特里娜飓风是曾经侵袭过美国的五大最致命飓风之一，也是造成损失最惨重的飓风。这次飓风共使1 833人死亡，几百人下落不明，从佛罗里达州到德克萨斯州的沿海地区都被严重摧毁。这个风暴在墨西哥湾上空是极具破坏力的5级飓风，当它于2005年8月29日在新奥尔良附近登陆时已减弱为三级。新奥尔良地处海平面以下，位于密西西比河和一个大湖之间。这座城市的防洪堤在风暴中决堤，造成了灾难性的洪水，人们数周都无法返回自己的家中。卡特里娜飓风是2005年新命名的27个风暴之一，这一年也是在一个飓风季中发生风暴次数最多的一年。

被水淹没的城市
　　卡特里娜飓风来袭后，人们很多天都困在被水淹没的街区里。被垃圾和有害物质污染的浑水淹没了车辆和房屋。洪水和滋生的霉菌使房屋损毁瓦解。

水上救助
被上升的洪水困在房屋里的人们打破屋顶逃生。11 000多人被船只营救。

秘鲁：泥石流

秘鲁，泥石流：资料	
风暴位置：	婵茶玛悠，秘鲁
风暴时间：	2007年1月22日
风暴强度：	无公认等级
死亡人数：	16

从高山和峡谷流下的雨水有足够的力量暗掘道路，推倒树木或者摧毁房屋。突然升高的河流水位、弯曲的树木和墙壁上的清晰裂缝都可能预示着泥石流即将到来。每隔2至7年，一种名为厄尔尼诺的天气模式会给南美洲西海岸带来反常的海洋暖流和大雨。在同一时期太平洋的另一边，澳大利亚和印度尼西亚的降水减少，通常还会出现干旱。厄尔尼诺现象的周期一般持续1至2年，与给西太平洋带去温暖海水的拉尼娜现象交替出现。厄尔尼诺和拉尼娜共同影响着全世界的天气。在一个厄尔尼诺周期中，秘鲁曾在2006年12月至2007年1月间降下倾盆大雨。

泥泞的浑水
即使是流动缓慢的泥石流也有足够大的力量把房屋和其他建筑物从地基上推离。小汽车、卡车和设备器材等更可被带到数千米以外。

厄尔尼诺和拉尼娜

太平洋中水温的变化制造了厄尔尼诺和拉尼娜天气模式。在下面的地图里，红色表示的是温暖的海水，蓝色表示的是冰冷的海水。

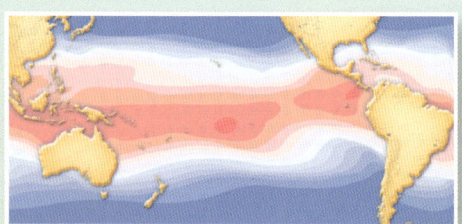

厄尔尼诺现象
表层暖流穿过太平洋流向南美洲北部。

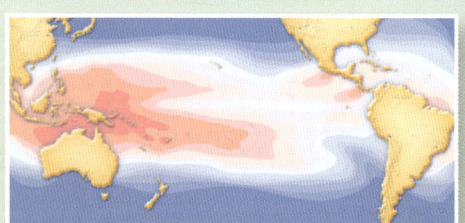

拉尼娜现象
表层暖流在西太平洋的亚洲和澳大利亚附近流动。

移动的山川

2007年,厄尔尼诺天气模式带来了持续数日的暴雨,致使秘鲁一座山坡上的泥土大量流失。婵茶玛悠正好在泥石流经过的途中。洪水冲过村庄,黏稠翻搅的泥浆掩埋了房屋,数千人无家可归。满载残骸的猛烈洪水还冲毁了许多道路和桥梁。

滑下山坡

有时,陡峭的山坡无法吸收大量的降雨。当浸水的土壤发生滑坡,重力会把浓稠的泥浆拖下山坡。泥石流最高能以100千米的时速行进。

慕尼黑：冰雹暴

冰雹形成于高空的雷暴云内，是以冻雨或雪为核心凝结而成的一种降水。最大的冰雹块形成于持续的超级单体雷暴中。时速超过160千米的强劲上升气流是把冰雹在云层内反复抬升的必要条件，从而使冰层不断增厚。尽管冰雹很少造成人员伤亡，但有报道显示1888年印度北部曾爆发过一场大冰雹，雹块有棒球般大小，致使250人死亡。冰雹能把树叶从树上剥下，毁坏农田并杀死牲畜。

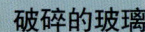

慕尼黑，冰雹暴：资料	
风暴位置：	慕尼黑，德国
风暴时间：	1984年7月12日
风暴强度：	欧洲最具破坏性的冰雹暴
死亡人数：	0

破碎的玻璃

尽管冰雹不像网球那么有弹性，但它们在落到汽车或地面等坚硬表面时还是会弹起来。大块的冰雹能够把车身砸凹陷并击碎挡风玻璃。

冰雹是如何形成的

在剧烈的雷雨云中，强风在冻结高度以上围绕冰晶旋转，这时便形成了冰雹。下降的冰雹收集结冰速度慢的水汽并保持透明。上升的冰雹收集结冰速度快的水汽，它们由于充满气泡而显得浑浊。

- 上升的暖空气
- 冻结高度
- 下沉的冷空气

从天而降

1984年，高速的雷暴风席卷着冰雹袭击了德国的慕尼黑。直径达10厘米的巨大冰雹块从250千米的高空坠落，损毁了大约700 000座房屋和200 000辆车。400多人在这次事件中受伤，幸运的是没有人员死亡。这场冰雹暴是世界上迄今为止损失第二惨重的冰雹暴。

冰雹的横截面

一块冰雹的内部显示出交替出现的浑浊和纯净的冰层。冰雹的中心部分是一颗冰冻的雨滴或者雪花，冰层以其为核心累积。

- 冰层
- 冰冻的雨滴

破坏

葡萄柚大小的冰雹块能产生足以穿透屋顶的击打力。小一些的冰雹随风飘扬，打碎玻璃或将建筑物外部砸出凹痕。

泡状的底部

被称为"乳状云"的奇特膨胀结构有时会出现在雷雨云的下方。这表示风暴内部正积聚着强有力的上升气流。

魁北克：冰暴

冬季冰暴经常发生在中国、欧洲、加拿大和美国的部分地区。当一薄层冰冷的北极空气被来自较低纬度的暖湿空气控制时，冰暴就形成了。极度冰冷的雨滴穿过冷空气落下而没有结冰，一旦它们到达地面，便会凝结为固态，把一切都包裹上厚厚的冰。冰越积越厚，渐渐把树木压低。被冰覆盖的树枝并不总是被折断，有时也会被压弯。当冰融化，这些树可能会恢复到原来的形态，也可能继续保持弯曲。如果树干被折断，树木则很可能随之死亡。

魁北克，冰暴：资料

风暴位置	加拿大魁北克，美国的部分地区
风暴时间	1998年1月4～10日
风暴强度	无公认等级
死亡人数	35

冬之灾难

1998年1月，冻雨使加拿大的魁北克省、安大略省和新英格兰的部分地区覆盖上了厚达12.5厘米的冰。冰的重量扯掉了树枝，拉断了电线。三百多万人受到断电的影响，有些影响长达一个多月。其中35人死于交通事故和体温过低。

冰封的树枝

极度寒冷的雨滴在冻结成名为"雨凇"的透明光滑外壳之前会铺散开来。当雨在已经结冰的树枝上滑动时，一些多余的水先滴落再冻结，于是就形成了冰柱。

冷冻的浪花

大片水域附近的疾风能够引起巨浪。如果近地处的空气温度低于冰点,浪花就会落在车上、路上以及树上,使它们覆盖上坚冰。

撞车

即使是一层薄冰也会减少附着摩擦力(即轮胎的抓地性)。在冬季的暴风雪中,交通事故频繁发生。

火花飞溅

掉落的电线容易引起火灾。对消防员来说,在冰雹的环境下灭火是个严峻的考验:消防设备可能会冻结出一层冰壳,而且当水管爆裂时水压会骤然下降。

南极洲，暴风雪巷：资料	
风暴位置：	横贯山地，南极洲
风暴时间：	6～8月
风暴强度：	二级飓风强度
死亡人数：	未知

南极洲：暴风雪巷

风速强过每小时57千米的暴风雪被称为大风雪。发生"雪茫"时，雪可能使能见度降至一米以下。恰巧在室外的人会因为体温迅速下降而迷失方向。大风雪在极地地区和高山上很常见。在南极，横贯山地脚下的麦克默多海峡附近有个被称为"暴风雪巷"的地方。飓风强度的大风雪席卷着时速高达160千米的风，在一年中的特定时间肆虐此地数周。

以量取胜

帝企鹅是唯一一种留在南极洲过冬的企鹅。雄性帝企鹅往往拥挤在一起度过猛烈的大风雪天气。它们每隔一段时间就会调换一下位置，轮换到里面保护得更严密的地方去——那里的气温比寒冷的群体外围高大约20℃。南极洲的平均气温为-60℃。

在严寒中生存

动物们通过寻找庇护所、冬眠、在体内储存食物以及共同协作等方式度过严寒。

冰冻的心
北美树蛙的身体超过三分之一的部分都在冬季冻结。天气回暖后，它的心脏再恢复正常工作。

严寒的北极

脂肪层、浓密的皮毛以及长有脚垫的足部，帮助北极熊在恶劣的环境中保温。

堆叠起来

在伙伴的身上堆叠以及厚厚的鲸脂层使海豹的身体保持温暖。

风之雕刻
风的侵蚀作用在雪地上形成了不规则的隆脊和沟槽，它们被形容为"雪面波纹（sastrugi）"，这个俄文单词的意思是"凹槽"。

南极洲：暴风雪巷　51

下降风
当比暖空气重的冷空气从高山或高原上吹来时，强风便会形成。穿过狭窄的山谷时，风速还会增加。

蓬松的羽绒
层叠的羽毛
有油的末梢

羽毛
企鹅的翅膀被一层浓密的短硬羽毛所覆盖。羽毛根部的蓬松羽绒保存温暖的空气，有油层的羽毛末梢可以阻隔海水。

父爱
雄性帝企鹅把卵或者刚孵出的小企鹅放在自己的脚上。如果新生的小企鹅掉到地上，便可能在两分钟内冻死。当雌性帝企鹅在海里捕食时，雄性帝企鹅可以在凛冽的寒风和极低的温度中站立两个月之久。

奥地利：雪崩

奥地利，雪崩：资料
- 事件位置：格尔塔
- 事件时间：1999年2月23日
- 事件强度：无公认等级
- 死亡人数：31

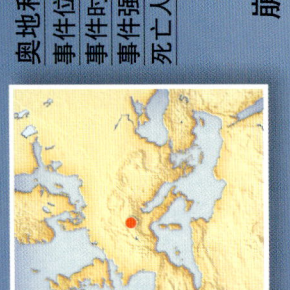

雪崩指大量积雪落下高山的现象。雪崩爆发通常需要三个条件：不稳定的积雪、陡峭的斜坡和一个引发雪崩的"触发点"。当积雪无法承受自身重量或者底部的雪开始滑动时，积雪便有可能滑落——即使是一个微小的振动或者滑雪者的运动都可能引发雪崩。作为预防措施，管理部门经常在积雪变得危险之前实施可控爆炸性来制造雪崩。每年全世界大约有150人死于这种灾难。

崩落

雪崩在不到一分钟时间内，一路轰鸣地翻滚下山坡，粉碎了奥地利的格尔塔小镇。在不断撞击中，这次雪崩大约有90米深，并夹杂了近170 000吨的雪。尽管人们已经警告过有雪崩的危险，但仍可能是滑雪者触发了这场大灾难。

地湿易滑

当新的降雪积聚在原有的或者冰的雪上时，经常会发生雪崩。每种雪崩都与积雪的状态以及斜坡的角度有关。

粉末状
在非常陡峭的地形上，雪从一点散开，在滑下山坡的过程中逐渐变宽，形成一粒粒珠的形状。

厚片状
一层坚硬破裂可能会导致一大块雪迅速坠落。当雪崩底部是湿的时，通常也会引发雪崩。

断裂点

大块悬垂的压实雪被称为雪檐，是积雪带破裂的最初位置。

加速

雪崩在下坡过程中加速，逐渐夹带起更多的雪。向雪崩边缘滑落的雪也许可以逃脱被掩埋的危险。

危险的云雾

一些雪还可能和空气混合,漂浮在空中。粉尘雾可以高达数百米。比雪崩的其他部分移动得更快,由此产生的冲击波可能是极具破坏性的。

寻找掩体

雪崩行进的速度几乎有每小时300千米。它侵袭到格尔塔镇的"安全地带",破坏了57人。坚固的建筑物并掩埋了57人。

围困雪中

相比被雪崩掩埋在雪里的人,被困在建筑物和车里的人能存活更久。救援人员使用嗅觉灵敏的警犬和长柄探测器从空中救援或者更简单地用手来挖掘并寻找幸存者。

埃塞俄比亚：
致命的干旱

埃塞俄比亚，致命的干旱：资料

事件位置：埃塞俄比亚和东非的部分地区
事件持续时间：1984年～1988年
时间强度：无公认等级
死亡人数：100万以上

干旱期指降雨量低于预期的一段时期，通常持续较长时间，有时甚至是数年。它们通常发生在少雨地区，例如荒漠附近的草原地带。地球上的一些地区，尤其是赤道附近，每隔几年就会发生旱灾。由于缺乏降雨和人工灌溉系统落后，农作物会枯萎并死去。当干旱发生时，不良的农业模式和人口过剩问题突显，使食物和水迅速耗尽，从而引发破坏性的饥荒。在长期干旱中，环境也许会遭受无法挽回的摧毁。大面积的侵蚀通常是由植被和肥沃的表层土流失造成的。

干涸殆尽
极少的降水量使地下水位和湖水水位下降。当太阳蒸发掉剩余的水时，小溪也容易受到影响。

垂死的农作物
植物通过使叶子枯萎减少水分流失。有些植物看起来已经死了，但是它的根部也许仍然在地下活着。

沙漠化

长期干燥和落后的土地管理能够导致土壤沙漠化，使肥沃的土地变成荒漠。地球表面大约四分之一的地区正在面临沙漠化的危险。

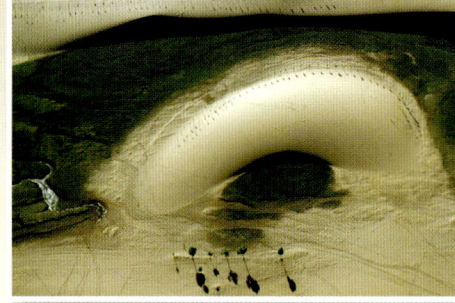

推进的荒漠
自20世纪50年代以来，中国已有大面积土地受到了荒漠化的影响。相关部门已经实施了一项再植计划，用以阻止戈壁沙漠继续扩大。

埃塞俄比亚：致命的干旱 55

寻找水源

1984年至1988年间，埃塞俄比亚以及非洲的部分地区经历了一场灾难性的干旱。八百多万人离乡背井去寻找食物和水。牛等牲畜死于饥渴，许多动物失去了它们的栖息地。

尘卷风

当地表被太阳高度加热时，形成快速上升的气流。这些上升气流将尘土带到空中，制造出旋转的尘卷风。

龟裂的土地

极度缺水的土壤在太阳的照射下变硬并收缩。地表之下可能仍然留存着水分，但是当再次降水时，地面可能由于太硬而无法吸收，大部分雨水因此流走了。

堪培拉，大火灾：资料	
事件位置：	堪培拉，澳大利亚
事件时间：	2003年1月18～19日
事件强度：	澳大利亚历史上第二大火灾
死亡人数：	4

堪培拉：
大火灾

　　森林大火通常是由"干打雷"的雷暴引起的——这种雷暴很少或几乎不降雨。意外事故或者人为原因也可能引发火灾。当强风被迫穿过狭小的空间时，即使是逆坡而上，火速也会蔓延得很快。如果没能及时控制住火情，小火会迅速变成熊熊火海。因为植物和树木等可以给火助燃，在燃烧的同时释放易燃性化学物质，从而引发连锁反应。风暴般的大火内部还能产生巨大的热量和上升气流，形成一个局部天气系统。狂风可以改变火的方向，还能使火焰前进的速度比人跑步的速度还快。如果空气湿度显著升高或者下雨，或者在燃料和氧气耗尽时，火便会熄灭。

与火搏斗

　　2003年，雷击在澳大利亚首都堪培拉附近一个偏僻的国家公园引发火灾。干而热的大风以时速65千米的速度煽动着火焰，超过500所民宅和一座气象台被毁。消防员与热、烟和灰烬搏斗，以遏制烈火。

堪培拉：大火灾 57

余烬的袭击
上升的空气和强风将燃烧的颗粒从火源处吹散。密集而快速移动的余烬团能够点燃一辆车或者一栋建筑物。即使它们是由特殊的防火材料制成的也不能幸免。

旋转的火焰
火中极高的温度制造出强大的旋风，看上去就像一个燃烧着的小型龙卷风。这些炽热的上升气流能为自身提供动力，升到高空中。

空中救援
飞机和直升机用水或化学物质"轰炸"火焰，以降低火的温度并使树木不易燃烧。

聚焦·感受酷热

新加坡：雷击

资料

新加坡位置：新加坡共和国
风暴季节：4～5月和11月最为活跃
风暴频率：每年171个雷暴日
死亡人数：未知

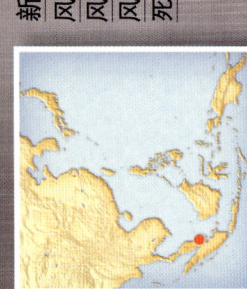

卫星每年可以在全球范围内侦测到大约14亿次闪电，其中大部分都发生在赤道附近的热带地区。相比之下，海洋上空的雷击数量明显少得多。新加坡是马来半岛南端的一个岛屿国家，也是世界上雷击发生率第二高的地区。平均每年有171天，就有一次。制造闪电的雷暴都在这个国家的上空翻滚，几乎每隔一天就有一次。在高发季节，每月大约有20天都会爆发闪电。只有非洲的刚果民主共和国比新加坡的雷击频率更高。

未雨绸缪

新加坡非常重视对雷电袭击的防御工作。
人们在建筑物上安装避雷针，并且在电路系统里添加了电涌保护装置。大部分电力线和电话线也被埋入了地下。即便如此，每年还是有许多人因雷击致死或致伤。一次典型的雷击能释放大约一亿伏电，使气温大幅升高。

安全地飞行

直升机和客机能够抵御闪电的影响。一旦坡击中，电荷会沿着飞机的外壳流动，并返回空气中去。

1 避雷针
这些小的金属棒安装在高层建筑物的顶部，以减少闪电的破坏。棒上附着的电缆把电导入地下，无害地释放掉。

2 保护自然
在新加坡植物园里，超过120棵古树的树干都被安装了铜线。如果闪电击中一棵树，电流便顺着铜缆导下，安全接地。

3 水域电击
当闪电击中水体时，电荷会在水面扩散开。人们可能在水中被电击中，但更多的人员伤亡发生在海滩上。

极端天气事件

一个气象站必须具备至少十年的测量经验，才可以对极端天气进行确认并收录到正式记录中。

破纪录的天气

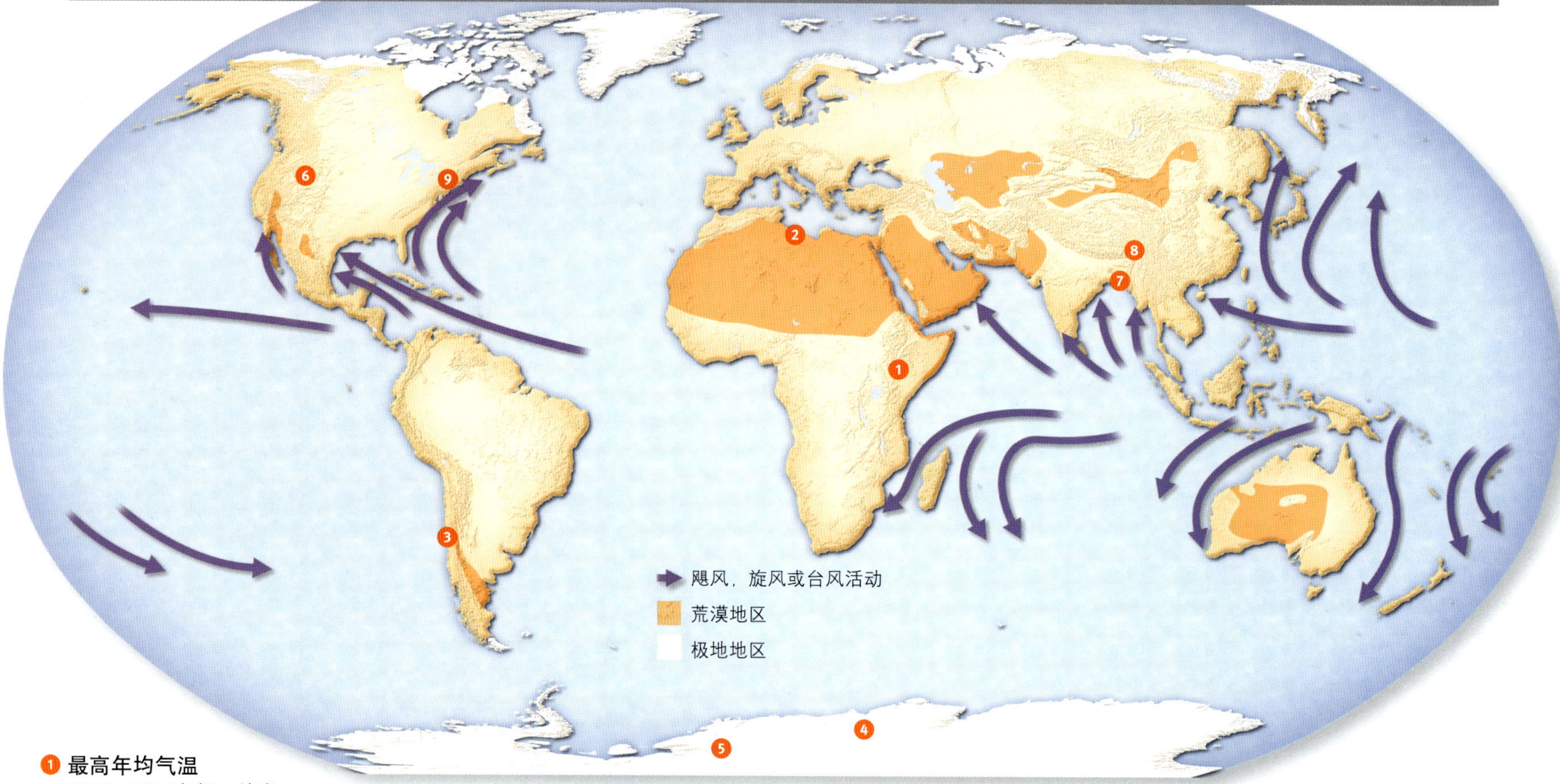

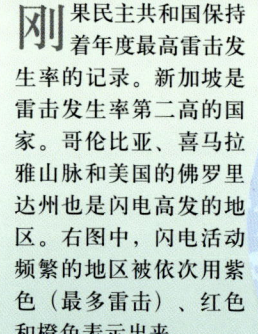

- 飓风，旋风或台风活动
- 荒漠地区
- 极地地区

❶ 最高年均气温
1960~1966年间，埃塞俄比亚宽干谷地区的平均气温高达34.4℃。

❷ 最热地区
1922年9月，利比亚阿齐济耶的气温达到了57.8℃。

❸ 最干地区
智利的阿塔卡马沙漠实际上几乎没有降水，那里的年均降水量仅为0.08毫米。

❹ 最冷地区
南极东方站在1983年7月时的温度低达-89.2℃。

❺ 最低年均气温
在南极洲的冰极地区，平均气温为-58℃。

❻ 24小时内最大气温变化
1916年1月的某天，美国蒙大拿州布朗宁市的气温从6.7℃跌至-49℃。

❼ 最大的冰雹
1986年4月，一颗一千克重的冰雹降落在孟加拉的戈巴尔甘尼地区。

❽ 最高年均降水量
印度境内的最高年降水量可达11 874毫米。

❾ 最大地表风
1934年，美国新汉普郡的华盛顿山曾刮起时速372千米的大风。

雷击在全世界的分布

刚果民主共和国保持着年度最高雷击发生率的记录。新加坡是雷击发生率第二高的国家。哥伦比亚、喜马拉雅山脉和美国的佛罗里达州也是闪电高发的地区。右图中，闪电活动频繁的地区被依次用紫色（最多雷击）、红色和橙色表示出来。

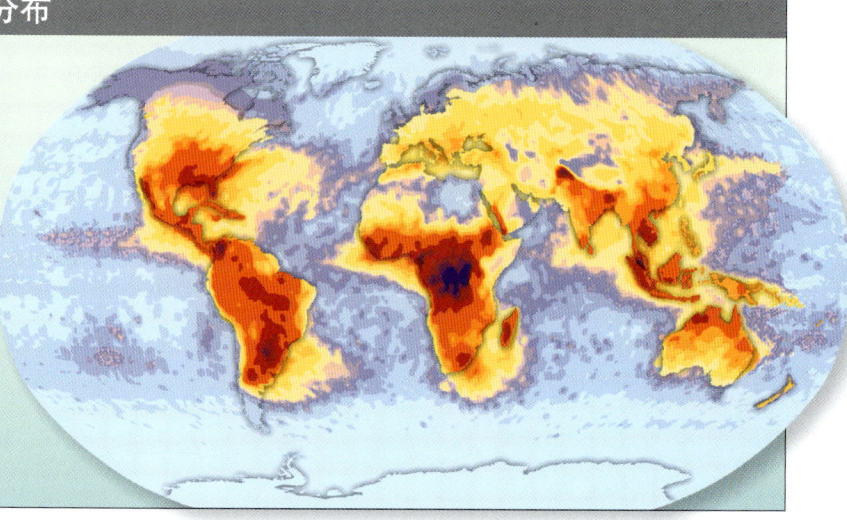

风、水和海浪

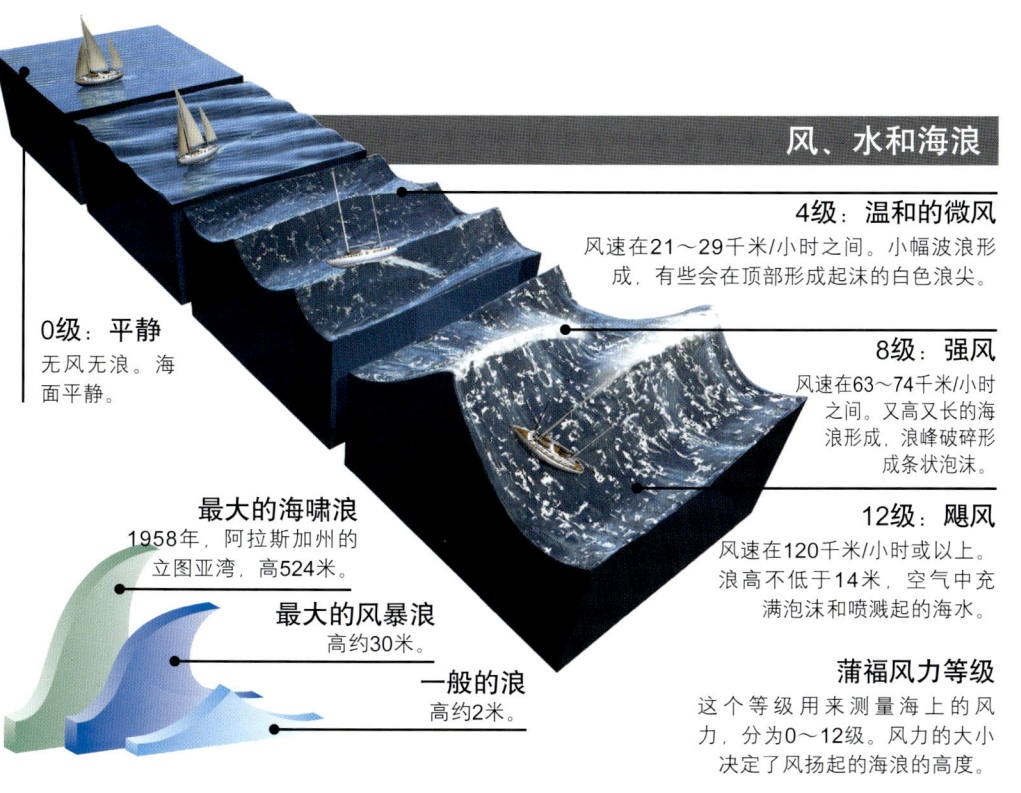

0级：平静
无风无浪。海面平静。

4级：温和的微风
风速在21～29千米/小时之间。小幅波浪形成，有些会在顶部形成起沫的白色浪尖。

8级：强风
风速在63～74千米/小时之间。又高又长的海浪形成，浪峰破碎形成条状泡沫。

12级：飓风
风速在120千米/小时或以上。浪高不低于14米，空气中充满泡沫和喷溅起的海水。

最大的海啸浪
1958年，阿拉斯加州的立图亚湾，高524米。

最大的风暴浪
高约30米。

一般的浪
高约2米。

蒲福风力等级
这个等级用来测量海上的风力，分为0～12级。风力的大小决定了风扬起的海浪的高度。

洋流

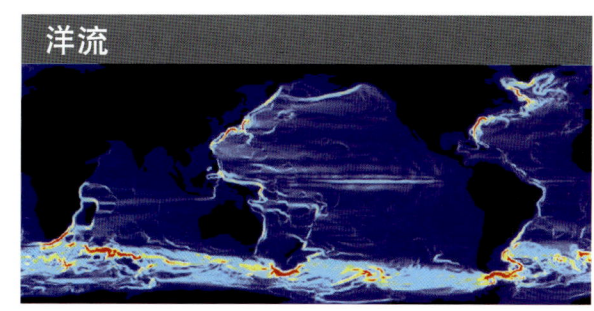

包括洋流和温度在内的海洋数据用来预测天气模式。这幅地图显示了南极洲的一个洋流正穿过大洋底部。红色和黄色的区域显示的是快速流动的海水，蓝色区域是速度较慢的洋流。

应对剧烈风暴的安全提示

飓风
在室内 •坐在安全的房间内远离窗户 •拔掉电源插头 •设法到达建筑物的上层以躲避可能出现的洪水 **在室外** •进入室内 **在车内** •驶离洪水易发的地区

龙卷风
在室内 •留在室内并远离窗户 **在室外** •如果没有安全的建筑物，在低洼处平躺，将头部盖住 **在车内** •不要留在车里 •不要试图驾车逃离龙卷风

闪电
在室内 •不要外出 •关上窗户 •拔掉电源插头 **在室外** •到室内寻找庇护 •避开高的物体 •在安全地带蹲伏 •避开金属物体 **在车内** •关闭门窗 •不要停在树下

洪水
在室内 •避免留在低洼的建筑物内 •转移到可能到达的最高地点 **在室外** •在高处寻找庇护所 •避开河流、溪流和暴雨下水道 **在车内** •一旦陷入上升的水中，遗弃车辆，转移到高地

飓风：萨菲尔-辛普森飓风等级

	风速（千米/小时）	破坏力
1	118～152	小
2	153～176	中
3	177～208	大
4	209～248	极大
5	248以上	灾难

萨菲尔-辛普森飓风等级自20世纪70年代起便用于给飓风的强度分级。这个等级一共分为5个级别，根据持续的飓风级风力的强度来分类。

龙卷风：改良藤田级数

	速度（千米/小时）	破坏力
EF0	105～137	轻
EF1	138～177	中
EF2	178～217	较大
EF3	218～266	极大
EF4	267～322	严重
EF5	322以上	毁灭性

改良藤田级数把龙卷风的强度分为6级。最严重的EF5级龙卷风很少出现。

云的类型

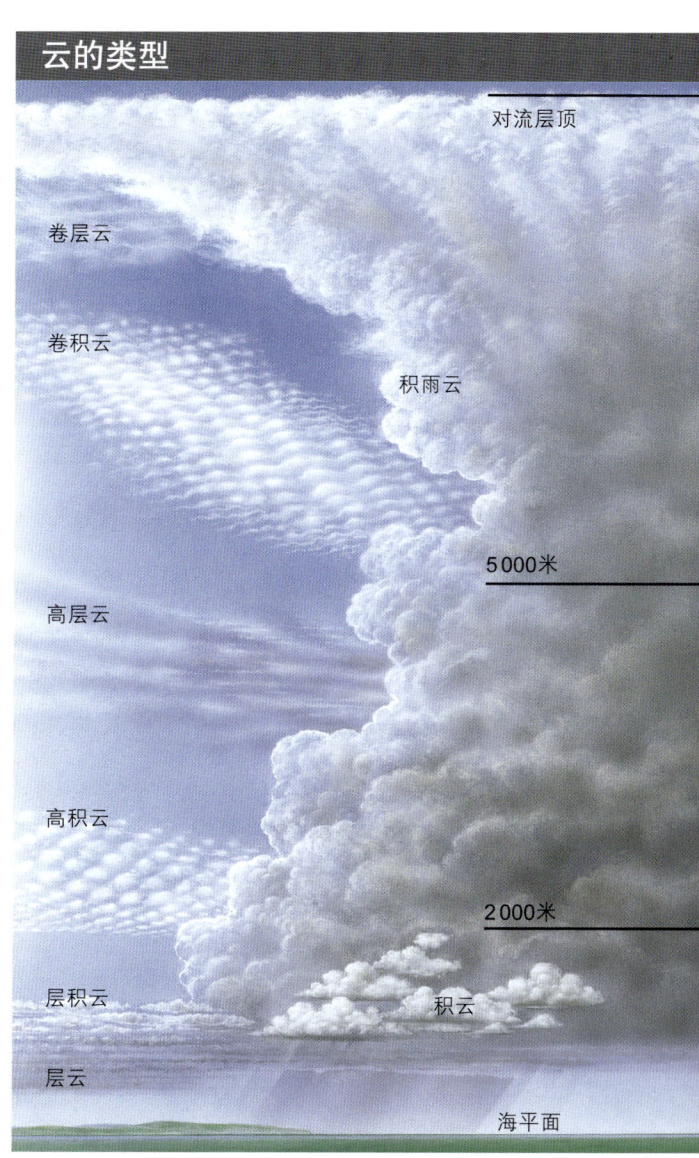

云可以在海平面上方至对流层顶部之间的任一高度形成。

词汇表

适应性改变（adaptation） 动物或其他生物改变自身形态和行为的一种方式。

海拔（altitude） 海平面以上的高度。

风速计（anemometer） 测量风速的装置。

大气层（atmosphere） 包围地球等行星的气体层。

大气压力（atmospheric pressure） 地球表面某一点上的空气重量。

极光（aurora） 当太阳产生的带电粒子冲击到地球大气中的氧分子和氮分子时，所产生的壮观的彩色表演。极光通常只发生在极地地区。

雪崩（avalanche） 大量的雪迅速滑下高山的现象。

轴（axis） 贯穿行星的一条假想线，行星围绕轴旋转。

气压计（barometer） 测量大气压力的仪器。

蒲福风力等级（Beaufort scale） 威廉·蒲福在1805年发明的测量标准，用于测定风速。

大风雪（blizzard） 风速超过57千米/小时的剧烈的暴风雪。

二氧化碳（carbon dioxide） 空气中的一种气体。生命体在活着、死亡和腐烂时，以及化学燃料（例如石油和煤）燃烧时都会释放出这种气体。

摄氏度（Celsius） 测量温度的等级。冰的熔点是0摄氏度，水的沸点是100摄氏度。

卷云（cirrus cloud） 高而稀疏的冰晶云。

气候（climate） 某一地区在较长一段时期内的天气特征。

云（cloud） 悬浮在空气中的、由大量可见小水滴和冰结成的团。

冷锋（cold front） 一团正在接近中的冷空气的前沿。

凝结（condensation） 水蒸气变成液态水的过程。

对流（convection） 空气或水的向上或向下运动。

地转偏向力（Coriolis force） 其表现形式之一便是地球自转引起风向发生偏转。

积雨云（cumulonimbus cloud） 指又大又高的积云，能制造雷和闪电。

积云（cumulus cloud） 蓬松而呈白色的低空云。

流（current） 泛指空气、水或者电的流动。

堤坝（dam） 阻挡空气、水或其他物质流动的屏障。

荒漠（desert） 指几乎没有降水的地区。即使有植被，也很稀少。

沙漠化（desertification） 指肥沃的土地变成荒漠的过程。

下沉气流（downdraught） 指向下运动的气流。

下投式探空仪（dropsonde） 由飞行器投放到热带风暴中去的一个装满仪器的密封筒，用于获取关于风暴的数据资料。

干旱期（drought） 没有或很少降水的一段较长时期。

尘卷风（dust devil） 小型的向上旋转的旋风，夹带着尘土和沙土。

厄尔尼诺现象（El Nino） 每隔2～7年出现在南美洲西海岸的异常海洋暖流。厄尔尼诺现象通常与拉尼娜现象交替出现。拉尼娜现象会给南美洲西海岸带来异常的海洋寒流。

赤道（Equator） 到南、北两极距离相等的一条假想线。

蒸发（evaporation） 水变成水蒸气的过程。

风眼（eye） 飓风中心晴朗的区域。

华氏温度（Fahrenheit） 测量温度的等级。冰的熔点是32华氏度，水的沸点是212华氏度。

大火灾（firestorm） 指巨大而温度极高的火，能够制造自身的局部天气系统。

山洪暴发（flash flood） 指急流水位的突然升高。

洪水（flood） 长期以来，河或溪流水位不断升高，将附近陆地淹没的现象。

雾（fog） 在地面或近地面附近形成的云状物。

霜（frost） 当空气中的水分在草、玻璃或其他物体上冻结时所形成的冰状覆盖物。

冰川（glacier） 大型冰体结构，由压实的积雪形成，能沿着山谷或斜坡缓慢地向下滑动。

全球变暖（global warming） 指地球大气平均温度不断上升的现象。

墨西哥湾流（Gulf Stream） 将温暖的海水从加勒比海运送至北大西洋的洋流。

冰雹（hail） 坚硬的冰球，在积雨云中形成。当它们撞击地面时呈固态。

酷暑期（heatwave）异常炎热的一段较长时期。

半球（hemisphere）地球等行星的一半。

湿度（humidity）空气中水蒸气含量的多少。

飓风（hurricane）剧烈的螺旋形风暴系统，通常在夏季和秋季形成于热带海洋上空，也叫旋风或台风。

冰（ice）冻结的水。

冰盖（ice sheet）大块的冰川冰。

冰山（iceberg）从冰川上分离出来的、一大块漂浮着的冰。

喷射流（jet stream）一条位于海拔8～20千米的狭窄高速风带。

纬度（latitude）赤道以南或以北的角度大小。

防洪堤（levee）为防止洪水而建造的土堤。

闪电（lightning）天空中的一道闪光，由雷暴云中的大气电荷产生。

气象学家（meteorologist）研究天气的科学家。

气象学（meteorology）研究天气的学科。

季风（monsoon）风向随季节有显著变化的风。有些季风带来大量降雨，有些则带来干燥的天气。

北极（North Pole）地球的最北端。

臭氧层（ozone layer）平流层中的一薄层气体，能够吸收太阳光中有害的紫外线辐射。

污染物（pollutants）污染空气、水或者土壤的物质。

降水（precipitation）以雨、冰雹或雪等形式降落到地面的雨滴和冰晶。

雨（rain）液态的降水。

降雨量（rainfall）某一地区一定时间内的降水总量。

季节（season）一年中天气的阶段性变化。

雪（snow）以冰晶形式落下的降水。

太阳的（solar）与太阳有关的。

太阳辐射（solar radiation）太阳释放出的能量。

太阳系（Solar System）太阳或任意恒星及其行星族，以及其他天体的总称。

太阳风（solar wind）从太阳表层大气喷射出的带电粒子流。

南极（South Pole）地球的最南端。

风暴潮（storm surge）热带风暴来临时，向岸上持续不断推去的水。

平流层（stratosphere）对流层上方的大气层，包含有臭氧层。

层云（stratus cloud）距离地面2 000米以内的层状云。

超级单体风暴（supercell storm）能持续数小时的猛烈雷暴。

温度（temperature）热的度量单位。

温度计（thermometer）测量温度的工具。

雷（thunder）指闪电加热空气时，产生的隆隆作响的冲击波。

挡潮堤（tidal barrier）能够保护港口或其他沿海地区不受反常巨浪或潮汐破坏的建筑物。

潮汐（tide）海平面受日月影响而交替升降的现象。

龙卷风（tornado）从雷暴中延伸至地面的强烈旋转的空气柱。

对流层顶（tropopause）对流层和平流层的交界面。

对流层（troposphere）大气的最底层。地球上大部分天气现象都在这一层产生。

海啸（tsunami）由地震、山崩或火山爆发引起的巨大海浪。

紫外线辐射（ultraviolet/UV radiation）有害的不可见辐射，是太阳释放出的能量的一部分。紫外线辐射能够灼伤皮肤，导致皮肤癌等疾病。

上升气流（updraught）空气离开地面向上运动。雷暴中的上升气流是最强的。

暖锋（warm front）正在接近中的一团暖空气的前沿。

水蒸气（water vapour）水的气体形态。

天气（weather）一个特定地区或时间内所经历的大气状态。

风（wind）移动的空气形成风。

索引

A
高积云	altocumulus clouds, 12
风速计	anemometers, 31
动物	animals
适冷动物	cold-adapted, 50
适热动物	heat-adapted, 26
南极	Antarctica, 26
大风雪	blizzards, 50–1
冰盖	ice sheet, 32
大气	atmosphere, 8
南极光	aurora australis, 28
北极光	aurora borealis, 28
极光	auroras, 28–9
奥地利	Austria, 52–3
雪崩	avalanches, 52–3

B
气压计	barometers, 31
蒲福风力等级	Beaufort wind scale, 61
北京	Beijing, 37
大风雪	blizzards, 50–1
微风	breezes, 10, 11

C
骆驼	camels, 26, 27
堪培拉	Canberra, 56–7
二氧化碳	carbon dioxide, 32
摄尔修斯, 安德斯	Celsius, Anders, 31
婵茶玛悠, 秘鲁	Chanchamayo, Peru, 45
中国	China, 54
卷云	cirrus clouds, 12
气候	climate, 8, 32–3
气候变化	climate change, 32
云	clouds, 12–13, 14, 15, 61
螺旋臂	spiral arms, 31
沿岸地区	coastal regions
飓风	hurricanes, 20, 21, 42
风	wind, 10, 11, 21
避雷针	conductor rods, 58
地球自转偏向力	Coriolis force, 11
积雨云	cumulonimbus clouds, 18
积云	cumulus clouds, 12, 14
气旋	cyclones, 8, 20–1, 40–1

D
水坝	dams, 24, 25
刚果民主共和国	Democratic Republic of Congo, 58, 60
沙漠化	desertification, 54
荒漠	deserts, 24, 26, 36
下击暴流	downbursts, 14
下投式探空仪	dropsondes, 30
干旱	drought, 26, 54–5
尘卷风	dust devils, 55
尘暴	dust storms, 9, 26, 36–7

E
地球	Earth
形成	formation, 32
磁场	magnetic field, 28
厄尔尼诺	El Niño, 44, 45
余烬	embers, 57
帝企鹅	emperor penguins, 50–1
帝国大厦	Empire State Building, 18
改良藤田级数	Enhanced Fujita Scale, 38, 61
赤道	Equator, 8
侵蚀	erosion, 37, 54
埃塞俄比亚	Ethiopia, 54–5
散逸层	exosphere, 8
极端天气事件	extreme weather events, 60–61
风暴眼	eye, of a storm, 21, 22, 30

F
华伦海特, 丹尼尔	Fahrenheit, Daniel, 31
饥荒	famine, 54
大火灾	firestorms, 56–7
山洪爆发	flash floods, 24, 25
洪水	floods, 24–5, 41, 42, 44–5, 61
保护	protection from, 24, 25
雾	fog, 12
森林大火	forest fires, 9, 56–7
蛙	frogs
穴居蛙	burrowing frog, 26
树蛙	wood frog, 50

G
伽利略	Galileo, Galilei, 31
格尔塔, 奥地利	Galtur, Austria, 52–3
冰川	glaciers, 32, 33
全球变暖	global warming, 32
戈壁沙漠	Gobi Desert, 36–7, 54
湾流	Gulf Stream, 22

H
冰雹	hail, 14, 46, 47
横截面	cross-section, 47
冰雹暴	hailstorms, 46–7
酷暑期	heatwaves, 26–7
直升飞机	helicopters, 43, 57, 58
高压区	high-pressure areas, 10
飓风	hurricanes, 8, 10, 20–1, 22, 42–3, 60, 61
风眼	eye, 21, 22, 30
追逐	hunting, 30–1

I
冰晶	ice crystals, 12, 46
冰暴	ice storms, 48–9
冰山	icebergs, 32–3
伊洛瓦底江三角洲, 缅甸	Irrawaddy Delta, Myanmar, 40

J
长耳大野兔	jackrabbits, 26
喷射流	jet stream, 9
木星, 大红斑	Jupiter, Great Red Spot, 28

K
下降风	katabatic winds, 51
卡特里娜飓风	Katrina, Hurricane, 42–3

L
拉尼娜	La Niña, 44
堤坝	levees, 24, 25
溃堤	failure, 42, 43
闪电	lightning, 14, 18–19, 23, 58–9, 60, 61
低压系	low-pressure systems, 8, 10, 22, 23

M
磁场	magnetic field, 28
磁暴	magnetic storms, 28
乳状云	mammatus clouds, 47
红树林	mangroves, 41
火星	Mars, 28
麦克默多海峡	McMurdo Sound, 50
墨尔本	Melbourne, 37
中间层	mesosphere, 8
气象学	meteorology, 30–1
海市蜃楼	mirages, 27
季风	monsoons, 40
山区降雨	mountain rain, 25
泥石流	mudslides, 44–5
慕尼黑	Munich, 46–7
缅甸	Myanmar, 40–1

N
纳吉斯气旋	Nargis, Cyclone, 40–1
新奥尔良	New Orleans, 42–3
尼罗河	Nile River, 24
北极	North Pole, 8
北极光	northern lights, 28

O
绿洲	oases, 26
海洋浮标	ocean buoys, 31
洋流	ocean currents, 8, 22, 61
海洋风暴	ocean storms, 8, 22–3
臭氧层	ozone layer, 8

P
企鹅	penguins, 50–1
养育	parenting, 51
翅膀上的羽毛	wing feathers, 51
秘鲁	Peru, 44–5
行星风暴	planetary storms, 28
北极熊	polar bears, 50
极地地区	polar regions, 8, 28, 50
污染, 空气传播的	pollution, airborne, 8, 9, 37
降水	precipitation, 8, 13
又见 冰雹; 雨; 阵雨; 雪	see also hail; rain; showers; snow
压力变化	pressure changes, 10

Q
魁北克	Quebec, 28, 48–9

R
雷达	radar, 30, 31
雨	rain, 14, 15, 20, 24
冻	freezing, 48
雨量测量器	rain gauges, 31
雨滴	raindrops, 13
河水泛滥	river floods, 24

S
萨菲尔-辛普森飓风等级	Saffir-Simpson scale, 61
撒哈拉沙漠	Sahara Desert, 26, 27
沙暴	sandstorms, 9, 26, 36
雪面波纹	sastrugi, 50
海豹	seals, 50
季节	seasons, 9
西班牙, 塞维利亚	Seville, Spain, 26
滩云	shelf clouds, 13
阵雨	showers, 12
新加坡	Singapore, 58–9, 60
雪	snow, 8, 33
雪崩	avalanches, 52–3
雪花	snowflakes, 12
太阳耀斑	solar flares, 28
太阳辐射	solar radiation, 8
太阳风	solar wind, 28
南美洲	South America, 42
南极	South Pole, 8
飑线	squall lines, 12
风暴	storms, 8, 12
热带的	tropical, 20
也见 冰雹暴; 雷暴	see also hailstorms; thunderstorms
平流层	stratosphere, 8
层云	stratus cloud, 12
太阳	Sun, 28
能量	energy, 8
也见 太阳的	see also solar
超级单体风暴	supercell thunderstorms, 14, 15, 16, 38

T
温度	temperature, 8, 32
田纳西州	Tennessee, 38–9
温度计	thermometers, 31
热层	thermosphere, 8
雷	thunder, 14, 18
雷暴	thunderstorms, 12, 13, 14–15, 16, 38
海上雷暴	at sea, 22–3
判断距离	judging distance of, 18
构造	structure, 30–1
挡潮堤	tidal barriers, 25
龙卷风走廊	Tornado Alley, 16
龙卷风	tornadoes, 15, 16–17, 38, 61
托里切利, 伊凡吉利斯坦	Torricelli, Evangelista, 31
树, 在风中	trees, in wind, 10
特里夫特冰川	Triftgletscher Glacier, 33
热带风暴	tropical storms, 20
对流层	troposphere, 8
海啸	tsunamis, 23, 61
台风	typhoons, 8, 20–1

U
紫外线辐射	ultraviolet (UV) radiation, 8
联合大学, 田纳西州	Union University, Tennessee, 38

V
金星	Venus, 28

W
水循环	water cycle, 13
浪	waves, 10, 22–3, 49, 61
天气	weather, 8
监测	monitoring, 30–1
气象气球	weather balloons, 31
气象站	weather stations, 30
雪茫	white-outs, 50
白浪	whitecaps, 13
风	winds, 10–11, 13, 61
局部	local, 11
分布	patterns, 11
也见 飓风	see also hurricanes; tornadoes
树蛙	wood frog, 50

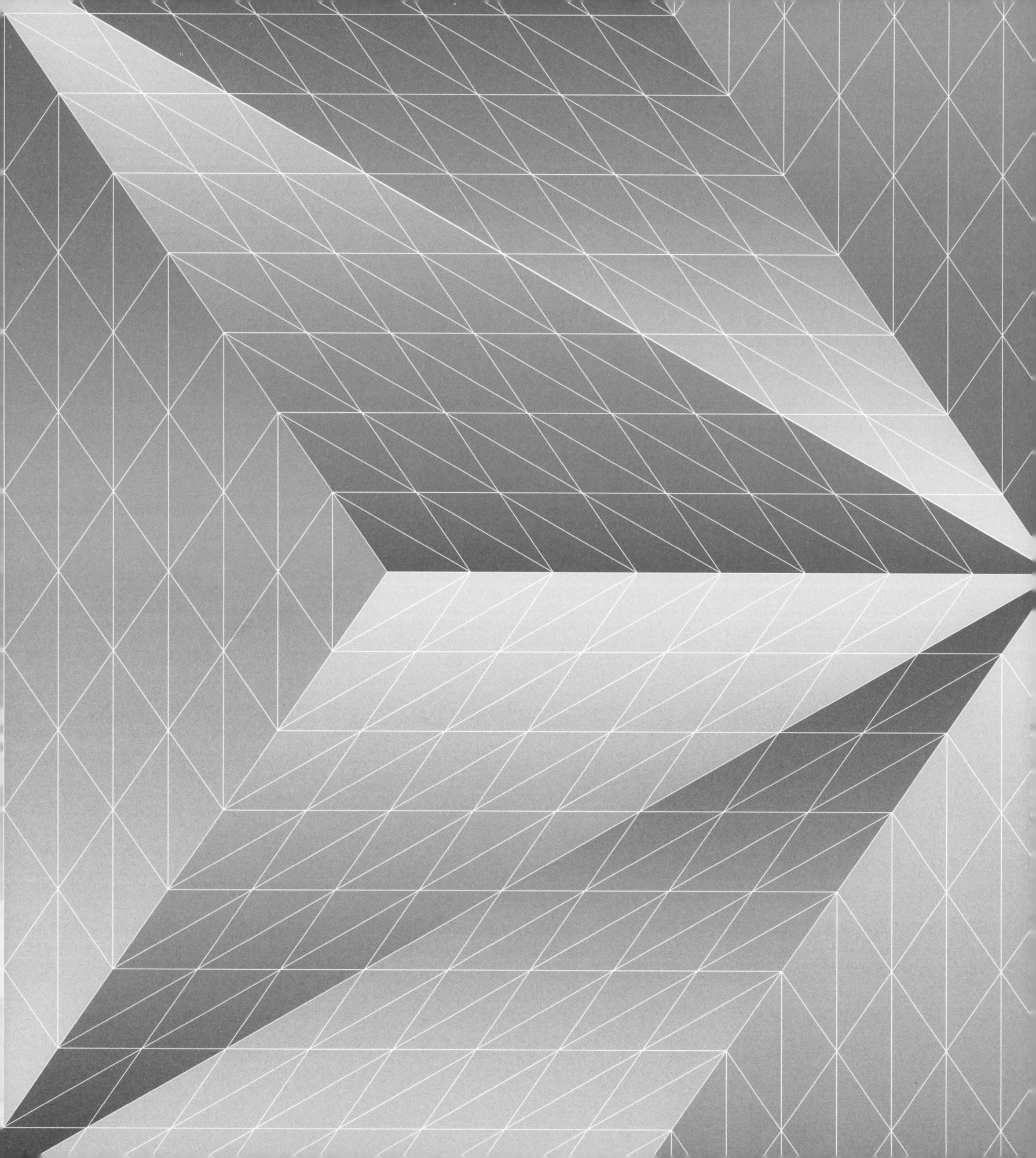